◎ 锐扬图书 编

福建科学技术出版社

工匠情怀之家装细部设计

顶棚 地面

U0264523

 海峡出版发行集团
THE STRAITS PUBLISHING & DISTRIBUTING GROUP

福建科学技术出版社
FUJIAN SCIENCE & TECHNOLOGY PUBLISHING HOUSE

图书在版编目（CIP）数据

工匠情怀之家装细部设计.顶棚、地面／锐扬图书编.—福州：福建科学技术出版社，2015.3

ISBN 978-7-5335-4752-3

Ⅰ.①工… Ⅱ.①锐… Ⅲ.①住宅－顶棚－室内装修－细部设计－图集②住宅－地面工程－室内装修－细部设计－图集 Ⅳ.① TU767-64

中国版本图书馆 CIP 数据核字 (2015) 第 043191 号

书　　名	工匠情怀之家装细部设计　顶棚　地面	
编　　者	锐扬图书	
出版发行	海峡出版发行集团	
	福建科学技术出版社	
社　　址	福州市东水路 76 号（邮编 350001）	
网　　址	www.fjstp.com	
经　　销	福建新华发行（集团）有限责任公司	
印　　刷	福建彩色印刷有限公司	
开　　本	889 毫米 × 1194 毫米　1/16	
印　　张	8	
图　　文	128 码	
版　　次	2015 年 3 月第 1 版	
印　　次	2015 年 3 月第 1 次印刷	
书　　号	ISBN 978-7-5335-4752-3	
定　　价	39.80 元	

书中如有印装质量问题，可直接向本社调换

Contents
目 录

客厅顶棚

餐厅顶棚

卧室顶棚

Contents
目录

客厅顶棚

KE TING DING PENG

❶ 轻钢龙骨装饰假梁
❷ 深啡网纹大理石
❸ 印花壁纸
❹ 水曲柳饰面板
❺ 装饰灰镜
❻ 木纹玻化砖

❶ 石膏浮雕装饰线

❷ 深啡网纹大理石垭口

❸ 马赛克拼花

❹ 装饰银镜

❺ 密度板拓缝

❻ 混纺地毯

❶ 肌理壁纸

❷ 米色玻化砖

❸ 深啡网纹大理石波打线

❹ 装饰银镜

❺ 中花白大理石

❻ 雕花银镜

❶ 白枫木装饰线

❷ 黑白根大理石

❸ 灰白洞石

❹ 深咖啡色网纹玻化砖

❺ 石膏板拓缝

❻ 木质花格

01

顶棚找平后刮腻子,上底漆、面漆,用蚊钉将石膏装饰线固定在顶面上;电视背景墙用水泥砂浆找平后在墙面上安装钢结构,用干挂的方式将大理石固定在墙面上,固定好后安装不锈钢收边条,两侧对称的墙面安装定制好的木质装饰窗棂。

❶ 胡桃木窗棂造型
❷ 灰白色网纹玻化砖
❸ 艺术墙砖拼花
❹ 车边银镜
❺ 马赛克
❻ 木纹玻化砖

02

顶棚用水泥砂浆找平后,用木工板打底,将成品石膏浮雕板固定在顶面上;整个电视背景墙面找平后,按照设计图中造型,两侧用木工板打底,用玻璃胶将银镜固定在底板上,中间墙面用干挂的方式将大理石固定后,用马赛克及成品木质装饰线做收边。

❶ 红松木格栅吊顶

❷ 皮纹砖

❸ 黑镜装饰条

❹ 印花壁纸

❺ 镜面马赛克

❻ 黑白根大理石

① 中花白大理石

② 印花壁纸

③ 金刚板

④ 黑胡桃木装饰线

⑤ 深啡网纹大理石

⑥ 混纺地毯

❶ 印花壁纸

❷ 黑白根大理石波打线

❸ 马赛克

❹ 木质顶角线描金

❺ 白枫木装饰线

❻ 仿古砖

❶ 米黄网纹大理石

❷ 混纺地毯

❸ 印花壁纸

❹ 白松木格栅吊顶

❺ 黑镜装饰条

❻ 爵士白大理石

❶ 车边茶镜吊顶

❷ 皮革软包

❸ 木质花格贴银镜

❹ 磨砂玻璃

❺ 白色釉面墙砖

❻ 混纺地毯

03

顶棚用水泥砂浆找平，然后满刮腻子，上一遍底漆、面漆，再按照设计图中造型用木工板打底并做出凹凸造型，用玻璃胶将镜面固定在底板上。

❶ 茶镜吊顶
❷ 雕花银镜
❸ 有色乳胶漆
❹ 浅咖啡色大理石
❺ 黑白根大理石踢脚线

04

按照设计图将顶棚用木工板做出凹凸造型，找平顶面后，满刮三遍腻子，用砂纸打磨光滑，刷一层基膜，用环保白乳胶配合专业壁纸粉粘贴铂金壁纸，最后安装石膏装饰浮雕。

❶ 黑色烤漆玻璃

❷ 布艺软包

❸ 仿古砖

❹ 装饰银镜

❺ 红松木装饰假梁

❻ 金刚板

❶ 爵士白大理石

❷ 金刚板

❸ 白枫木饰面板肌理造型

❹ 黑镜装饰条

❺ 石膏装饰浮雕

❻ 马赛克拼花

❶ 铂金壁纸

❷ 车边茶镜

❸ 白枫木装饰线

❹ 手工绣制地毯

❺ 木质浮雕描金

❻ 灰白色网纹玻化砖

① 铂金壁纸

② 深啡网纹大理石踢脚线

③ 印花壁纸

④ 黑胡桃木顶角线

⑤ 水曲柳饰面板

⑥ 白松木格栅吊顶

❶ 布艺装饰硬包

❷ 红樱桃木饰面板

❸ 木纹大理石

❹ 车边银镜

❺ 石膏浮雕装饰线

❻ 米色大理石

顶棚用水泥砂浆找平后，用木工板做凹凸造型，然后满刮三遍腻子，用砂纸打磨光滑，中间部分粘贴定制好的石膏板装饰格栅，剩余部分刷一层基膜，用环保白乳胶配合专业壁纸粉将壁纸固定在顶面上，最后安装成品装饰线角线做收边。

❶ 车边银镜

❷ 白枫木装饰线

❸ 深啡网纹大理石波打线

❹ 铁锈红网纹大理石

❺ 铂金壁纸

❻ 文化砖

顶棚找平后，用木工板做凹凸造型，刮满三遍腻子，用砂纸打磨光滑，按照设计图纸，四周刷一遍底漆、两遍面漆，中间部分刷一层基膜，粘贴铂金壁纸，然后用木质收边条做壁纸收边。最后安装成品石膏顶角线。

❶ 印花壁纸

❷ 有色乳胶漆

❸ 爵士白大理石

❹ 红松木装饰假梁

❺ 白枫木装饰线

❻ 混纺地毯

❶ 印花壁纸

❷ 皮革软包

❸ 铂金壁纸

❹ 羊毛地毯

❺ 金刚板

❻ 胡桃木装饰假梁

❶ 印花壁纸

❷ 雕花烤漆玻璃

❸ 仿洞石玻化砖

❹ 银镜吊顶

❺ 木质装饰线描金

❻ 石膏板浮雕吊顶

❼ 车边银镜

❶ 银镜装饰条

❷ 印花壁纸

❸ 中花白大理石

❹ 布艺装饰硬包

❺ 石膏板浮雕吊顶

❻ 米黄色网纹玻化砖

❶ 石膏浮雕装饰线

❷ 铂金壁纸

❸ 米黄色玻化砖

❹ 马赛克

❺ 茶色烤漆玻璃吊顶

❻ 云纹大理石

顶棚用水泥砂浆找平后，按照设计图中造型用木工板做出弧形凹凸的灯带造型，然后安装成品石膏装饰线；电视背景墙找平后满刮三遍腻子，用砂纸打磨光滑，两侧用木工板打底，将雕花茶镜用玻璃胶固定后收边，然后用点挂的方式将定制好的大理石装饰立柱固定在墙面上，剩余墙面刷基膜后粘贴壁纸，最后用ＡＢ胶将大理石收边条固定在墙面上。

❶ 雕花茶镜

❷ 浅啡网纹大理石波打线

❸ 印花壁纸

❹ 金刚板

❺ 白松木装饰假梁

❻ 混纺地毯

顶棚先用水泥砂浆找平，按照设计图纸弹线放样，用钢结构做好支架，然后将木质假梁固定在顶面上；电视背景墙找平后，用木工板做出凹凸造型，用玻璃胶将镜面收边条固定，剩余墙面满刮三遍腻子，用砂纸打磨光滑，刷底漆一遍、面漆两遍。

❶ 肌理壁纸

❷ 黑白根大理石波打线

❸ 米色玻化砖

❹ 石膏装饰线

❺ 灰白洞石

❻ 红松木装饰假梁

❶ 灰镜装饰条

❷ 雕花银镜

❸ 羊毛地毯

❹ 直纹斑马木饰面板

❺ 布艺软包

❻ 深啡网纹大理石波打线

❶ 黑胡桃木装饰线

❷ 印花壁纸

❸ 混纺地毯

❹ 有色乳胶漆

❺ 红松木装饰假梁

❻ 马赛克

❶ 印花壁纸

❷ 茶色烤漆玻璃

❸ 手工绣制地毯

❹ 彩色釉面墙砖拼贴

❺ 白松木格栅吊顶

❻ 浅啡网纹大理石波打线

❶ 爵士白大理石

❷ 马赛克

❸ 铂金壁纸

❹ 印花壁纸

❺ 白色玻化砖

❻ 金刚板

09

顶棚先用水泥砂浆找平，按照设计图纸弹线放样，用钢结构做好支架，安装格栅吊顶，剩余部分满刮三遍腻子，刷一层基膜后用环保白乳胶配合专业壁纸粉粘贴铂金壁纸。最后用蚊钉及胶水将成品木质角线固定在顶面的四周。

❶ 石膏板格栅吊顶
❷ 金刚板
❸ 白枫木装饰线
❹ 印花壁纸
❺ 中花白大理石

10

顶棚用水泥砂浆找平后，按照设计图中造型用木工板做出凹凸的灯带造型，然后满刮三遍腻子，用砂纸打磨光滑后，刷底漆、面漆；电视背景墙找平后用干挂的方式将大理石固定在墙面上，粘贴完毕用勾缝剂填缝，四周用大理石收边线条收边，两侧剩余墙面满刮三遍腻子，用砂纸打磨光滑，刷底漆、面漆后用蚊钉及胶水将木质装饰固定在墙面上。

❶ 印花壁纸

❷ 布艺软包

❸ 木纹玻化砖

❹ 车边银镜

❺ 有色乳胶漆

❻ 米色网纹玻化砖

❶ 灰镜装饰条

❷ 布艺软包

❸ 印花壁纸

❹ 胡桃木装饰线

❺ 雕花银镜

❻ 深啡网纹大理石波打线

❶ 爵士白大理石
❷ 米色玻化砖
❸ 木质花格
❹ 有色乳胶漆
❺ 水曲柳饰面板
❻ 仿木纹地砖

1 车边银镜

2 木质花格

3 水曲柳饰面板

4 金刚板

5 车边银镜

6 米黄网纹大理石

❶ 仿古砖

❷ 车边银镜

❸ 木质花格

❹ 条纹壁纸

❺ 红松木格栅吊顶

❻ 金刚板

11

顶棚用水泥砂浆找平后，用木工板打底并做出凹凸造型，用蚊钉及胶水将软包固定在顶面上，用成品木质收边条收边，四周用玻璃胶粘贴烤漆玻璃。

❶ 黑色烤漆玻璃

❷ 爵士白大理石

❸ 条纹壁纸

❹ 米色玻化砖

❺ 布艺软包

❻ 木质花格

12

按照设计图纸在顶棚面用木工板做出凹凸的灯带造型，中间部分做出弧形圆顶，满刮三遍腻子，用砂纸打磨光滑，刷底漆、面漆；沙发背景墙找平后用木工板打底，用蚊钉及胶水将软包、银镜固定在墙面上，四周用干挂的方式将大理石收边条固定。

❶ 灰镜装饰条

❷ 布艺软包

❸ 有色乳胶漆

❹ 米色玻化砖

❺ 车边银镜

❻ 马赛克

① 印花壁纸
② 白色玻化砖
③ 白松木格栅吊顶
④ 车边银镜
⑤ 轻钢龙骨装饰假梁
⑥ 黑镜装饰条

❶ 石膏板浮雕吊顶

❷ 车边茶镜

❸ 深啡网纹大理石波打线

❹ 胡桃木饰面板

❺ 直纹斑马木饰面板

❻ 印花壁纸

❼ 马赛克波打线

13

餐厅顶棚用水泥砂浆找平后，用木工板打底并做出凹凸的格栅造型，用环氧树脂胶将灰镜装饰条固定在凹槽里；剩余部分满刮三遍腻子，刷底漆一遍、面漆两遍，最后安装装饰吊灯。

1 灰镜装饰条

2 印花壁纸

3 雕花灰镜

4 车边灰镜

5 深啡网纹大理石波打线

14

餐厅顶棚选用石膏板异形吊顶，满刮三遍腻子，然后依次上底漆一遍、面漆两遍；地面用水泥砂浆找平后，按照设计图中造型，采用湿贴的方式铺装玻化砖，并用大理石做装饰拼花。

❶ 马赛克

❷ 印花壁纸

❸ 条纹壁纸

❹ 车边银镜

❺ 磨砂玻璃

❻ 深啡网纹大理石

① 石膏顶角线

② 雕花茶镜

③ 印花壁纸

④ 彩绘玻璃

⑤ 白枫木饰面板拓缝

⑥ 米黄色亚光玻化砖

❶ 茶镜吊顶

❷ 深啡网纹大理石波打线

❸ 仿古砖

❹ 木纹壁纸

❺ 车边银镜

❻ 木质花格

❼ 车边茶镜

① 木质搁板
② 银镜吊顶
③ 仿古砖
④ 黑镜装饰条
⑤ 石膏顶角线
⑥ 印花壁纸

❶ 文化砖

❷ 米黄洞石

❸ 深啡网纹大理石波打线

❹ 红樱桃木饰面板

❺ 红松木饰面板吊顶

❻ 条纹壁纸

餐厅顶棚先用水泥砂浆找平后，按照设计图纸弹线放样，做好龙骨支架，满刮腻子，依次上底漆、面漆，最后用粘贴的方式将石膏装饰线固定在顶面上。

❶ 米色玻化砖
❷ 水曲柳饰面板
❸ 银镜装饰条
❹ 磨砂玻璃
❺ 木质花格
❻ 米黄色亚光玻化砖

16

餐厅顶棚找平后，用木工板做出灯带造型，满刮三遍腻子，依次上底漆、面漆，最后安装木质装饰花格；餐厅背景墙用水泥砂浆找平，满刮三遍腻子，按照设计图中造型，中间墙面刷一层基膜，用环保白乳胶配合专业壁纸粉粘贴壁纸，两侧剩余墙面用湿贴的方式将仿古砖固定在墙面上。

1 印花壁纸

2 木质花格贴清玻璃

3 条纹壁纸

4 直纹斑马木饰面板

5 米黄大理石

6 仿古砖

1 红松木装饰假梁

2 红松木装饰线密排

3 茶色烤漆玻璃吊顶

4 米色玻化砖

5 铂金壁纸

6 灰镜装饰条

1 胡桃木装饰假梁

2 有色乳胶漆

3 黑镜吊顶

4 水曲柳饰面板

5 木质搁板

6 木质花格

① 铂金壁纸

② 深啡网纹大理石踢脚线

③ 米黄色抛光墙砖

④ 仿古砖

⑤ 车边银镜

⑥ 印花壁纸

1 木质花格

2 米黄色玻化砖

3 灰镜吊顶

4 茶镜吊顶

5 马赛克拼花

6 黑镜装饰条

17

　　餐厅顶棚用水泥砂浆找平,按照设计图,用木工板打底并做凹凸的灯带造型,中间部分用环氧树脂胶将车边银镜固定,然后用勾缝剂填缝,最后用成品石膏线收边;四周满刮三遍腻子后,用砂纸打磨光滑,上底漆一遍、面漆两遍。

❶ 车边银镜吊顶

❷ 印花壁纸

❸ 木质花格

❹ 烤漆玻璃拼贴

❺ 磨砂玻璃

❻ 泰柚木饰面板

18

　　按照设计图纸,用木工板做出背景墙面延伸到顶面的造型,满刮三遍腻子,用砂纸打磨光滑,用环氧树脂胶将装饰镜固定在墙面及顶面上;剩余墙面装贴泰柚木饰面板,刷两遍清漆。

❶ 木质搁板

❷ 车边茶镜

❸ 金刚板

❹ 车边银镜

❺ 铂金壁纸

❻ 深啡网纹大理石踢脚线

卧室顶棚

① 皮面装饰硬包
② 灰镜装饰条
③ 白枫木饰面板
④ 印花壁纸
⑤ 车边银镜

① 印花壁纸
② 布艺软包
③ 车边银镜
④ 肌理壁纸
⑤ 雕花银镜
⑥ 金刚板

19

顶棚找平后，用木工板打底并做出凹凸造型，按照设计图纸，中间顶面装贴松木饰面板，刷清漆两遍，然后用成品木质收边条收边；剩余顶面满刮三遍腻子，用砂纸打磨光滑，上底漆、面漆。

① 黄松木饰面板吊顶
② 印花壁纸
③ 泰柚木饰面板
④ 皮面装饰硬包
⑤ 混纺地毯

20

按照设计图纸，顶棚找平后用木工板做出凹凸造型，满刮三遍腻子，用砂纸打磨光滑，上底漆、面漆；背景墙找平后，用木工板打底，然后用蚊钉及胶水镜装饰硬包固定在底板上，两侧剩余墙面刷一层基膜，用环保白乳胶配合专业壁纸粉粘贴壁纸，最后用干挂的方式将大理石收边条固定。

① 木质窗棂造型贴银镜

② 红松木饰面板吊顶

③ 雕花烤漆玻璃

④ 装饰银镜

⑤ 白松木饰面板吊顶

⑥ 胡桃木花格

1 布艺装饰硬包

2 印花壁纸

3 石膏板浮雕吊顶

4 灰镜装饰条

5 肌理壁纸

6 马赛克拼花

① 红松木饰面板吊顶

② 布艺软包

③ 金刚板

④ 雕花烤漆玻璃

⑤ 艺术墙贴

⑥ 印花壁纸

① 布艺软包

② 条纹壁纸

③ 混纺地毯

④ 布艺装饰硬包

⑤ 黑胡桃木窗棂造型

⑥ 金刚板

1 印花壁纸

2 羊毛地毯

3 泰柚木饰面板

4 布艺装饰硬包

5 红樱桃木饰面板

6 白枫木装饰线

电视背景墙面造型延续到吊顶的结构，拉伸了空间。在墙面上用木工板做出设计图的造型，用水曲柳饰面板贴面，上浅色油漆。

1 条纹壁纸
2 拉丝磨砂玻璃
3 肌理壁纸
4 石膏板浮雕吊顶
5 皮面装饰硬包
6 金刚板

按照设计图将顶棚用木工板做出凹凸造型，然后粘贴固定住石膏浮雕板，最后用成品装饰线收边；背景墙找平后，用木工板打底，用蚊钉及胶水将装饰硬包固定住，然后安装成品木质收边条。

① 黑胡桃木窗棂造型

② 混纺地毯

③ 车边银镜

④ 布艺装饰硬包

⑤ 密度板拓缝

⑥ 车边灰镜

1 白松木饰面板吊顶

2 印花壁纸

3 有色乳胶漆

4 金刚板

5 装饰壁画

6 混纺地毯

① 有色乳胶漆

② 雕花银镜

③ 印花壁纸

④ 木质花格

⑤ 红松木饰面板吊顶

⑥ 印花壁纸

① 磨砂玻璃

② 印花壁纸

③ 皮面装饰硬包

④ 水曲柳饰面板

⑤ 肌理壁纸

⑥ 雕花银镜

① 印花壁纸

② 金刚板

③ 石膏装饰线

④ 布艺装饰硬包

⑤ 水曲柳饰面板

⑥ 布艺软包

23

顶棚按照设计图中造型，用水泥砂浆找平后，用木工板做出造型，满刮腻子，用砂纸打磨光滑，依次上底漆、面漆，刷一层基膜后用环保白乳胶配合专业壁纸粉粘贴壁纸，最后安装收边条。

① 仿木纹壁纸

② 桦木装饰线密排

③ 肌理壁纸

④ 白松木饰面板吊顶

⑤ 印花壁纸

⑥ 金刚板

24

按照设计图纸用木工板做出顶棚造型，然后用松木板吊顶，安装木质装饰假梁，最后用蚊钉及胶水将石膏角线固定在四周；背景墙用木工板在墙面上做出凹凸造型，整个墙面满刮三遍腻子，用砂纸打磨光滑，依次刷底漆、面漆；用环保白乳胶配合专业壁纸粉将壁纸固定在墙面上，最后安装实木踢脚线。

❶ 印花壁纸

❷ 金刚板

❸ 泰柚木饰面板

❹ 黑胡桃木饰面垭口

❺ 皮革软包

❻ 石膏板浮雕吊顶

其他顶棚

QI TA DING PENG

① 红松木饰面板吊顶

② 金刚板

③ 深啡网纹大理石波打线

④ 不锈钢条

⑤ 仿木纹地砖

⑥ 黑白根大理石波打线

❶ 深啡网纹大理石波打线

❷ 印花壁纸

❸ 木质花格

❹ 白松木格栅吊顶

❺ 装饰灰镜

❻ 手工绣制地毯

25

顶棚按照设计图纸，找平后用木工板做出凹凸造型，满刮三遍腻子，用砂纸打磨光滑，刷底漆、面漆，刷一层基膜后粘贴壁纸，最后安装木质格栅吊顶；地面用水泥砂浆找平后直接安装金刚板，最后用气钉将木质踢脚线固定。

❶ 红松木格栅吊顶

❷ 金刚板

❸ 白桦木饰面板

❹ 雕花银镜吊顶

❺ 木质花格贴银镜

26

顶棚用水泥砂浆找平，按照设计图纸，用木工板打底并做出凹凸造型，满刮腻子，用砂纸打磨光滑，刷一层基膜，用环保白乳胶配合专业壁纸粉粘贴壁纸，再用环氧树脂胶将雕花银镜固定在壁纸四周，然后安装成品木质收边线，剩余顶面刷一遍底漆、两遍面漆。

❶ 银镜装饰条

❷ 金刚板

❸ 条纹壁纸

❹ 印花壁纸

❺ 磨砂玻璃

❻ 混纺地毯

1 红松木格栅吊顶

2 白色乳胶漆

3 木质隔板

4 米色玻化砖

5 木质装饰线

6 木质踢脚线

❶ 车边银镜

❷ 印花壁纸

❸ 釉面墙砖

❹ 红松木窗棂造型

❺ 石膏板造型

❻ 深啡网纹大理石波打线

① 铂金壁纸

② 金刚板

③ 银镜吊顶

④ 羊毛地毯

⑤ 木质装饰线

⑥ 印花壁纸

❶ 红松木装饰假梁

❷ 松木饰面板吊顶

❸ 金刚板

❹ 红松木格栅吊顶

❺ 有色乳胶漆

❻ 铂金壁纸

❼ 白松木饰面板吊顶

27

顶棚用水泥砂浆找平后，用木工板做出凹凸造型，满刮腻子后用砂纸打磨光滑，然后刷底漆、面漆，再用蚊钉及胶水将成品石膏装饰条固定，做出设计图中的格栅造型，最后用环保白乳胶配合专业壁纸粉将壁纸固定在顶面上，达到区域划分效果。

❶ 车边银镜

❷ 印花壁纸

❸ 黑胡桃木装饰线

❹ 深啡网纹大理石波打线

❺ 白松木格栅吊顶

❻ 木质创意搁板

28

顶棚用水泥砂浆找平后，按照设计图中造型，用木工板打底并做出灯带造型，然后安装木质格栅吊顶，刷清漆；背景墙找平后满刮三遍腻子，用砂纸打磨光滑，刷一层基膜，用环保白乳胶配合专业壁纸粉粘贴壁纸，最后用气钉及胶水将定制好的层板固定。

❶ 印花壁纸

❷ 茶色镜面玻璃吊顶

❸ 胡桃木装饰线

❹ 米色抛光墙砖

❺ 密度板拓缝

❻ 桦木饰面板

❶ 红松木格栅吊顶

❷ 白色乳胶漆

❸ 米色亚光玻化砖

❹ 金刚板

❺ 印花壁纸

❻ 石膏浮雕吊顶

❼ 白松木装饰假梁

❶ 车边茶镜

❷ 印花壁纸

❸ 金刚板

❹ 有色乳胶漆

❺ 雕花银镜

❻ 米黄色玻化砖

① 羊毛地毯

② 红松木饰面板吊顶

③ 红松木装饰假梁

④ 金刚板

⑤ 石膏浮雕吊顶

⑥ 肌理壁纸

⑦ 木质踢脚线

❶ 松木饰面板吊顶

❷ 印花壁纸

❸ 有色乳胶漆

❹ 金刚板

❺ 深啡网纹大理石

❻ 羊毛地毯

29

按照设计图纸用木工板做出顶棚造型，然后用松木板吊顶，刷油漆；地面用水泥砂浆找平，用湿贴的方式直接将仿木纹地砖粘贴在地面上，最后将定制好的地毯铺装在地砖上。

❶ 松木饰面板吊顶

❷ 皮面装饰硬包

❸ 石膏浮雕吊顶

❹ 印花壁纸

❺ 木质搁板

30

顶棚找平后，用木工板做出凹凸造型，满刮腻子，用砂纸打磨光滑，刷底漆、面漆，最后用蚊钉及胶水将石膏装饰浮雕粘贴在顶面上；背景墙弹线放样确定层板位置，装贴饰面板后刷油漆，剩余墙面刷一层基膜，用环保白乳胶配合专业壁纸粉将壁纸固定在墙面上，最后安装装饰浮雕。

❶ 木质花格
❷ 红樱桃木装饰线
❸ 铂金壁纸
❹ 金刚板
❺ 印花壁纸
❻ 有色乳胶漆

❶ 黑白根大理石波打线

❷ 木质花格贴银镜

❸ 爵士白大理石

❹ 大理石拼花

❺ 雕花银镜

❻ 手工绣制地毯

❶ 布艺软包

❷ 大理石拼花

❸ 米色玻化砖

❹ 印花壁纸

❺ 羊毛地毯

❻ 金刚板

❶ 仿古砖

❷ 雕花银镜

❸ 混纺地毯

❹ 米色玻化砖

❺ 中花白大理石

❻ 木纹玻化砖

❶ 条纹壁纸
❷ 车边银镜
❸ 仿古砖
❹ 木纹玻化砖
❺ 木纹大理石
❻ 木质花格

按照设计图中造型，地面用水泥砂浆找平，弹线放样，确定大理石波打线的位置，用湿贴的方式分别将玻化砖与大理石铺贴在地面上；沙发背景墙面找平后，满刮三遍腻子，用砂纸打磨光滑，刷一层基膜，用环保白乳胶配合专业壁纸粉将壁纸固定在墙面上，最后安装木质收边条。

① 深啡网纹大理石波打线

② 石膏板拓缝

③ 金刚板

④ 黑胡桃木装饰条

⑤ 木质装饰线密排

⑥ 白色玻化砖

按照设计图中造型，地面找平后弹线放样，确定区域划分线的位置，分别铺装玻化砖及金刚板；电视背景墙用水泥砂浆找平，满刮三遍腻子，用砂纸打磨光滑，安装木质装饰线，刷油漆，剩余墙面弹线放样，确定层架位置，装贴饰面板后刷油漆，用环氧树脂胶粘贴装饰银镜。

❶ 皮纹砖

❷ 灰白色网纹玻化砖

❸ 浅啡网纹大理石波打线

❹ 啡金花大理石波打线

❺ 金刚板

❻ 车边银镜

❶ 深啡网纹大理石波打线

❷ 印花壁纸

❸ 混纺地毯

❹ 浅啡网纹大理石

❺ 爵士白大理石

❻ 绯红网纹大理石波打线

❶ 红樱桃木饰面板
❷ 马赛克波打线
❸ 羊毛地毯
❹ 爵士白大理石
❺ 中花白大理石
❻ 深啡网纹大理石波打线

❶ 中花白大理石
❷ 黑白根大理石波打线
❸ 印花壁纸
❹ 车边银镜
❺ 米黄网纹大理石
❻ 雕花银镜

❶ 印花壁纸

❷ 金刚板

❸ 水曲柳饰面板

❹ 米色亚光玻化砖

❺ 木纹地砖

❻ 马赛克波打线

客厅地面找平后,用湿贴的方式将玻化砖及大理石波打线铺装在地面上;电视背景墙用水泥砂浆找平,中间部分满刮三遍腻子,用砂纸打磨光滑,刷一层基膜后粘贴壁纸,然后安装木质装饰线,两侧用环氧树脂胶将茶镜固定,剩余墙面采用干挂的方式将大理石固定在墙面上。

❶ 米黄大理石

❷ 啡金花大理石波打线

❸ 马赛克

❹ 仿古砖

❺ 木纹大理石

❻ 深啡网纹大理石波打线

客厅地面按照设计图中造型,找平后采用湿贴的方式将玻化砖及大理石波打线粘贴在地面上;沙发背景墙面用水泥砂浆找平,用木工板打底,刷一层基膜后用环保白乳胶配合专业壁纸粉将壁纸固定,再用玻璃胶将装饰银镜固定在底板上,最后安装木质收边条。

❶ 雕花烤漆玻璃

❷ 爵士白大理石

❸ 仿古砖

❹ 深啡网纹大理石波打线

❺ 印花壁纸

❻ 手工绣制地毯

❶ 黑色烤漆玻璃

❷ 黑金花大理石波打线

❸ 胡桃木装饰假梁

❹ 白色玻化砖

❺ 马赛克波打线

❻ 黑白根大理石波打线

❶ 水曲柳饰面板

❷ 仿洞石玻化砖

❸ 木质格栅

❹ 爵士白大理石

❺ 印花壁纸

❻ 金刚板

❶ 米黄色玻化砖

❷ 羊毛地毯

❸ 水曲柳饰面板

❹ 印花壁纸

❺ 镜面马赛克

❻ 米色网纹玻化砖

❶ 浅啡网纹大理石波打线

❷ 中花白大理石

❸ 艺术地砖拼花

❹ 印花壁纸

❺ 镜面马赛克

❻ 米黄色玻化砖

电视背景墙用水泥砂浆找平，用点挂的方式将大理石固定在墙面上，剩余墙面用木工板做出凹凸造型，满刮三遍腻子，用砂纸打磨光滑，刷一层基膜，用环保白乳胶配合专业壁纸粉将壁纸固定在墙面上；地面找平后，用湿贴的方式将玻化砖铺装在地面上，最后用专业勾缝剂填缝。

❶ 黑白根大理石

❷ 米色亚光玻化砖

❸ 红樱桃木饰面板

❹ 爵士白大理石

❺ 中花白大理石

❻ 黑白根大理石波打线

电视背景墙面用水泥砂浆找平，用干挂的方式将石材固定在墙面上，最后用AB胶粘贴大理石收边条；地面找平后，用湿贴的方式，按照设计图中造型，将玻化砖及大理石拼贴在地面上。

❶ 木纹大理石

❷ 米色网纹玻化砖

❸ 大理石拼花

❹ 手工绣制地毯

❺ 雕花烤漆玻璃

❻ 石膏装饰浮雕

❶ 黑色烤漆玻璃

❷ 仿古砖

❸ 黑晶砂大理石波打线

❹ 铂金壁纸

❺ 干挂大理石

❻ 木纹玻化砖

❶ 布艺软包

❷ 米色亚光玻化砖

❸ 黑金花大理石波打线

❹ 铂金壁纸

❺ 仿古砖

❻ 文化石

餐厅地面

CAN TING DI MIAN

❶ 皮面装饰硬包

❷ 深啡网纹大理石波打线

❸ 黑白根大理石波打线

❹ 印花壁纸

❺ 仿洞石玻化砖

❻ 手工绣制地毯

❶ 仿古砖

❷ 印花壁纸

❸ 手工绣制地毯

❹ 啡金花大理石波打线

❺ 装饰壁画

❻ 米色玻化砖

❶ 印花壁纸

❷ 艺术地砖拼花

❸ 仿古砖

❹ 黑金花大理石波打线

❺ 米黄色玻化砖

❻ 车边银镜

❶ 有色乳胶漆

❷ 浅啡网纹大理石波打线

❸ 深啡网纹大理石垭口

❹ 仿古砖

❺ 车边银镜

❻ 条纹壁纸

37

餐厅顶棚用水泥砂浆找平,用木工板做出凹凸造型,满刮三遍腻子,用砂纸打磨光滑,依次刷底漆、面漆,最后粘贴石膏装饰线;地面找平后,用湿贴的方式将玻化砖与大理石粘贴在地面上,然后用专业勾缝剂填缝。

❶ 米色网纹大理石

❷ 黑色烤漆玻璃装饰条

❸ 黑胡桃木窗棂造型

❹ 车边银镜

❺ 米色抛光墙砖

❻ 米色大理石

38

按照设计图中造型,弹线放样,做出弧形波打线造型,再用湿贴的方式将大理石固定,剩余地面铺装玻化砖,最后用专业勾缝剂填缝;墙面用水泥砂浆找平,采用干挂的方式将大理石固定在墙面上,最后安装装饰画。

❶ 灰白色网纹玻化砖

❷ 仿古砖

❸ 白色玻化砖

❹ 红樱桃木饰面垭口

❺ 车边银镜

❻ 黑晶砂大理石波打线

❶ 木纹大理石

❷ 黑金花大理石波打线

❸ 大理石拼花

❹ 红松木装饰假梁

❺ 仿古砖

❻ 雕花银镜

❶ 黑白根大理石波打线

❷ 白色玻化砖

❸ 马赛克波打线

❹ 铂金壁纸

❺ 深啡网纹大理石波打线

❻ 红松木装饰假梁

❶ 仿古砖

❷ 米黄色大理石

❸ 黑白根大理石波打线

❹ 印花壁纸

❺ 车边银镜

❻ 混纺地毯

❶ 米色亚光玻化砖

❷ 仿古砖

❸ 印花壁纸

❹ 车边银镜

❺ 深啡网纹大理石波打线

❻ 木纹玻化砖

其他地面

QI TA DI MIAN

1 雕花磨砂玻璃

2 浅啡网纹大理石波打线

3 车边银镜

4 皮革装饰硬包

5 皮纹砖

6 艺术地砖拼花

❶ 木质花格
❷ 大理石拼花
❸ 黑金花大理石波打线
❹ 马赛克
❺ 米黄网纹大理石波打线
❻ 车边银镜

1 红樱桃木饰面板

2 仿古砖拼花

3 印花壁纸

4 皮革软包

5 木纹亚光墙砖

6 木质踢脚线

❶ 印花壁纸

❷ 深啡网纹大理石波打线

❸ 艺术地砖拼花

❹ 木质踢脚线

❺ 大理石拼花

❻ 大理石踢脚线

地面用水泥砂浆找平，用湿贴的方式分别将玻化砖与艺术地砖拼贴在地面上，用专业勾缝剂填缝，最后将大理石踢脚线固定；中景墙面粉刷完毕后，将定制好的装饰画固定。

① 印花壁纸

② 米色玻化砖

③ 啡金花大理石波打线

④ 车边银镜吊顶

⑤ 黑白根大理石波打线

⑥ 木质踢脚线

按照设计图纸，将地面用水泥砂浆找平，用湿贴的方式将玻化砖与黑白根大理石拼贴在地面上；走廊中景墙面找平后，用木工板做出凹凸造型，装贴饰面板后刷油漆，剩余墙面满刮三遍腻子，用砂纸打磨光滑，刷一层基膜，用环保白乳胶配合专业壁纸粉将壁纸固定在墙面上。

❶ 米黄网纹大理石

❷ 米黄色玻化砖

❸ 成品铁艺隔断

❹ 深啡网纹大理石波打线

❺ 印花壁纸

❻ 白色人造大理石踢脚线

① 红樱桃木装饰线

② 金刚板

③ 皮革软包

④ 印花壁纸

⑤ 银镜装饰线

⑥ 羊毛地毯

❶ 布艺装饰硬包

❷ 金刚板

❸ 混纺地毯

❹ 印花壁纸

❺ 石膏顶角线

❻ 米色玻化砖

① 茶色镜面玻璃

② 黑金花大理石波打线

③ 印花壁纸

④ 浅啡网纹大理石波打线

⑤ 木纹大理石

⑥ 仿古砖

❶ 木质踢脚线

❷ 米色亚光玻化砖

❸ 黑白根大理石波打线

❹ 仿动物皮纹地毯

❺ 有色乳胶漆

❻ 金刚板